JN251698

いただきますの水族館

北の大地の水族館で学ぶ「いのち」のつながり

中村元×山内創

滝つぼを見上げると、銀色に輝く生命（いのち）のきらめき。

川面が凍りつく北の大地の厳しい冬に、川底で耐えぬく

生物たちのたくましさ。

巨大な水塊となった青い湖底には、1メートルを超える北

の大魚イトウの美しい姿。

熱帯ゾーンには、温根湯の温泉水ですくすく健康に育っ

た熱帯淡水魚たち。

「北の大地の水族館」は、「世界初」と「日本初」がある
北海道の水族館です。
ここでは北の水塊の躍動感と、北の生命の輝きを感じて
いただけます。

幻の淡水魚イトウが生きた魚を追いかけて捕食する様子
を観察できる「いただきますライブ」が、人気イベントです。
本書では、展示とライブ活動、そしてその背景にある私
たちの生命への思いを紹介します。

魚が魚を食べる。

自然界の「いのち」のつながりを観察することで、みなさまに「いただきます」の深い気持ちを思い出していただければ、と願っています。

―― 北の大地の水族館より

インフォメーション

おんねゆ温泉
北の大地の水族館

〒091-0153

北海道北見市留辺蘂（るべしべ）町松山1番地4

Tel. 0157-45-2223

Fax. 0157-45-3374

Mail. aq-onneyu@bz04.plala.or.jp

営業時間

（夏季 4月～10月）8:30 ～ 17:00

（冬季 11月～3月）9:00 ～ 16:30

休館日

（夏季）4月8日～4月14日

（冬季）12月26日～1月1日

アクセス

JRで　JR留辺蘂駅から道の駅おんねゆ温泉行きバス約20分、終点下車徒歩2分

車で　旭川市街から国道39号線で約2時間30分。駐車場 あり

詳細は北の大地の水族館のウェブサイトをご覧下さい。

http://onneyu-aq.com/

いただきますの水族館

はじめに

おいしそう！ からはじめよう

中村元（水族館プロデューサー）

水族館で魚を見るとつい「おいしそう……」とつぶやいたりしませんか？ そして声に出して言ってしまったあと、「しまった！　ここは水族館なんだ」とバツの悪い思いをしたことのある方もいらっしゃるでしょう。

いえいえ、けっして恥じることはありません。

それでこそ、日本人！　川や海の魚とともに暮らしてきたわたしたち日本人にとって、「おいしそう」というのは、その魚の美しさや活力を賞賛する最大級のほめ言葉なのですから。

そして、水族館の成り立ちもまた「おいしそう」という言葉に無関係ではありません。日本の水族館の多くは、水産業と非常に密接に関わっています。

東京の葛西臨海水族園のスターは、世界中から東京に集積されるクロマグロ。一方でフグの集積地・山口県の下関には、世界一多様なフグの種類を展示している海響館があります。捕鯨のまち・和歌山県の太地には、くじらの博物館という水族館があり、長崎ペンギン水族館は、長崎が捕鯨船団の基地だったため、南氷洋から鯨肉といっしょに連れてこられたペンギンが展示のはじまりです。

このような特別な例にかぎらず、日本のほとんどの水族館が、漁業の盛んな地方に建てられて、その地域で特産とされる生物の生きている姿を観察できるようになっています。

日本人にとって水族館とは、海や川の水中世界を疑似体験するとともに、ふだん食卓でいただいている魚やタコやエビなどの、生きている姿と会える場所でもあるのです。

だから水族館で、活力に満ちた美しい魚体と出会うと、ついつい「こんにちは、今日はまた一段とおいしそうで素敵になさってますね」などと挨拶してしまうというわけです。

こんなことを、わたしがうっかり隣の女性に言ったりしたらダメですが、魚やエビに対してなら大丈夫。少なくとも、水槽のなかにはわたしたちの声は聞こえません。もし聞こえたとしても魚に言葉は通じないのだから、気を悪くすることもありません。

*

そう！　言葉が通じないということも、野生生物との関係で忘れてはならないことです。

わたしたちヒトと野生生物は、話す言葉が違うだけではありません。その生い立ちも違えば、住んでいる場所も違い、それによってきっと幸せや満足の基準さえも、それぞれまったく違っているはずなのです。

激流を休みなく泳いでいる魚がいれば、穴のなかで一生暮らすエビもいます。サケは餌の豊富な広い海から生まれた川へ帰り、何も食べずにひたすら遡上し、子孫を残して安らかに死にます。

また、ヒトの感覚で気持ちいいと思うことが、魚にとっても気持ちいいわけではありません。ヒトの感情で悲しいことが、タコも悲しむようなことではありません。

「生物多様性の保全」という言葉がありますが、生物の多様性とは、種類がたくさんあるというような単純な意味ではありません。

地球上には、命の多様性、生き方の多様性、価値観の多様性などさまざまな意味での多様性が存在するということなのです。

ですから、生物の多様性を保全するということは、その無限の多様性を理解すること。ヒトの価値観や利益だけで、あるいは感情によって、地球の未来を考えてはならないという、とても深い意味を持っています。

そんな深くて重要な生物の多様性の意味が、「おいしそう」とつぶやきながら、あるいは水中世界の美しさにうっとりして浮遊感に癒やされながら、なんとなく自分で発見できる。

それが、水族館の持つ最大の価値です。

そしてこの価値は、本来は自由に生き死ぬことができたのに、水族館の狭い水槽に閉じこめられた野生生物たちへの、わたしたち人間の言い訳でもあります。

＊

だから、水族館にお越しいただいたみなさんには、わたしたちがお見せする水中世界の美しさをぞんぶんに楽しんでほしいのです。

そこに息づく命の姿に、好奇心をかき立てられてほしいのです。

もちろん、魚たちをおいしそうだと思ったら、声に出して「おいしそう！」と言ってみてください。きっと彼らのことがますます好きになるでしょう。

本書では、北海道北見市にある「北の大地の水族館」を紹介します。この水族館では、生きている命が、生きている命を捕食する自然界の行動を見せる「いただきますライブ」というイベントを行っています。

北の大地の水族館の生物たちは、北海道の大地から切り取ってきた美しくリアルな水中景観のなかで、自然にいるのと同じように命を輝かせています。

そこには「おいしそう！」からはじまる、あなただけの発見があるはずです。

第１章

いただきますの世界を学ぶ！

中村元×山内創

I
いただきますの本当の意味

中村元

食事の前の「いただきます」。
あなたは誰に対して唱えていますか？

幼稚園の先生からは、「お弁当を作ってくれたお母さんに、いただきますを言いましょう」と教わりました。
小学校で給食が出るようになると、「給食のおばさんに、いただきますを言いましょう」になりました。
社会科を学ぶようになると、「お米を作ってくれるお百姓さん」や「魚や鯨を獲ってくれる漁師さん」が加わりました。

そう、食事にはさまざまな人の手がかかり、子どもだったわたしの社会が広がるにしたがって、感謝をする範囲が広がっていったのです。

＊

そんなわたしの「いただきます」を唱える相手、つまり感謝をする範囲がさらに広くなったのは、小学６年の頃でした。学校近くの小川が清掃のために、上流の堰がおろされて干上がっていた日のことです。

川から水がなくなり川底が見えているのを発見し、子どもだった“ボク”たちは勇んで川底に降りました。川底のくぼみにはまだ水がたまり、そこにはたくさんの魚たちが集まって身動きを取れずにいました。

そのなかでも目立って大きいのを一人に１尾つかみ取り、別の穴を掘って水を引き泳がせてみました。子どものボクたちが自分の手で獲ることのできた初の獲物たちです。

さあこれをどうしよう？

「食べよう！」「焼いて食べよう！」みんなの意見がまとまりました。

付近からたき火の材料になりそうなものを集めてきました。その頃は爆竹遊びが流行っていたので、マッチはみんなが持っていたのです。

破れた傘を見つけたので、その傘の骨を折って魚を焼く串も準備しました。

ボクらはそれぞれ右手に傘の骨で作った串、左手に魚を持ち、ワクワクしながら号令を待ちます。

「よし！　やるぞ！」

誰からともなく発した言葉に合わせて、魚の口から串を差し込みました。

しかしそのとたん、「うわっ！」と叫び声を上げるボクたち。

食べられるのを待っているはずの魚が、急に大きく暴れたのです。思わず手から魚を落としてしまいました。

魚が痛がってる？　いや死にたくないのだろうか？

魚が哀れで、殺すのが怖くて、正直なところボクはもうやめたくなっていました。

でもやめられません。なぜならみんなで「食べよう」と決めてしまったのですから。何度かの挑戦のあと、魚は次第に弱っていき、やっと串が通りました。

その時、串が魚の骨を削る感触が、頭のなかにガリガリという音になって聞こえた気がしました。

さっそく火をおこして魚をあぶりました。子どもの作ったたき火ですから、魚はススだらけの真っ黒焦げになり、やがて皮がはぜて白い身が出てきました。

その頃には火の勢いもなくなり、ボクたちは食べることにしました。そして自然に出てきたのは、焼いた魚に対しての「いただきます」の言葉だったのです。

＊

今考えれば、泥臭い川魚、中途半端な火による生焼け、さらに醤油も塩もなかったのですから、ひどい味だったでしょう。

ところが、ボクたちは「おいしい、おいしい」と言いながら食べていました。

おいしかったわけではないはずです。

ただただ魚の命を奪ったことが怖くて、食べると決めて魚を殺したことへの落とし前が、「おいしい」と言いながら食べることだったのでしょう。

食べるという行為が、誰かの命を奪うことなのだと気付いたのはこの日です。

あれからもう 50 年も経ちますが、わたしの左手には、串が骨を削るあのガリガリという感触の記憶が魚の断末魔の様子とともに残っています。

そしてその日から今でも、魚料理をいただく時には、その魚の生きている姿を思い浮かべながら「いただきます」と唱えるようになりました。

＊

さらに中学に上がる前、父親から命じられて、飼っていたニワトリを絞めたことがあります。

それまでのように父の手伝いをしていたのと、自分でやるのとでは大違いでした。首をねじって窒息死させるまで、猛烈に暴れるニワトリの力の強いこと強いこと、そして長いことといったらありませんでした。

もちろんその日以降、今に至るまで、料理に鶏肉が入っているたびに、ニワトリの姿を頭に思い浮かべて「いただきます」と唱えるようになりました。

さて、「いただきます」とはなんでしょう？

本来「いただきます」の言葉は、わたしたちが生きるために、その糧となって、命を捧げてくれた生物たちへの感謝の気持ちに他ならないと思うのです。

子どもの頃の魚とニワトリを殺めた経験は、わたしに「地球人」として知っておくべき教養を与えてくれました。

そして今、わたしは水族館での仕事を通して、その真理を伝えたいと考えています。

北の大地の水族館でご覧いただける「いただきますライブ」は、生きるために命が命を奪わねばならない、地球生命の真理を直接的に伝え、理解していただくためのプログラムなのです。

館長コラム①

水族館の「いただきますライブ」

山内創（北の大地の水族館 館長）

イトウという日本の淡水魚をご存じでしょうか。

日本の川に棲む淡水魚というと、ドジョウやフナのような小さな魚をイメージするかもしれません。

しかしイトウは大きさ150センチ以上、体重は20キロをゆうに超える巨体の持ち主。絶滅の恐れがあることから「幻の魚」とも呼ばれ、日本全国から北海道に釣り客が訪れる釣り人憧れの大魚です。

北の大地の水族館では、この巨体の持ち主たちが、20センチにも満たない生きたニジマスを追いかけ襲って食べる、そんなシーンをご覧いただいています。

「いただきますライブ」と名付けたこのプログラム、内容だけを聞くと残酷だという声が上がりそうですが、ライブで見られるのは命のつながりのごく一部だけです。

そのごく一部にわたしたち水族館員が解説を付けることで、迫力の捕食シーンをご覧いただきながら、通常、水槽内ではあまり見えない命と命の

婚姻色が美しいイトウ

つながりに思いを馳せていただく内容になっています。そして普段、食卓で何気なく言っている「いただきます」の気持ちを、あらためて感じていただくことができると考えています。

成長すれば他のどの魚よりも大きく力強いイトウも、当然生まれながらにして大魚ではありません。

川の上流で砂利のなかに産み落とされるイトウの卵は直径およそ0.6センチ、そこから孵化するイトウも1センチに満たない大きさしかありません。

孵化したあと砂利のなかでお腹の袋に入った栄養を吸収して育ったイトウは、1センチほどの大きさになると砂利から川の世界へと這い出します。

そんな小さな体のイトウは、はじめは小さな虫を食べ、体が大きくなるにつれて川の上流から中流、下流へと移動しながら魚・ヘビ・カエルなどを食べて成長し、なんと10年以上の歳月をかけて1メートルを超える体を手に入れます。

生まれたばかりのイトウ

当然大きくなるまでの長い期間には、彼らを襲うさまざまな困難が待ち構えています。

親が川底の砂利のなかに産んだ卵は、少し遅れて同じ所へ産卵する外来種のニジマスによって掘り返される危険にさらされています。孵化した稚魚たちはニジマスやカジカなどの魚や鳥などにより食べられたり、遊泳力の弱いうちは川に大水が出れば流されて全滅したりすることもあります。

運よく生き延び大きくなってからも試練は続きます。

釣り人憧れの大魚であるイトウは、大きければ大きいほど釣られて持ち帰られてしまうリスクも上がりますし、大きな体を維持するために、よりエサの豊富な海へと出て漁の網にかかってしまうこともあります。

また、繁殖可能な年齢に達してもダムや河川改修工事の影響により、産卵場へとたどり着けず、寿命を終えるまでに繁殖できないこともあります。

さらに、寿命を終えたイトウの体は、川のなかで小さな魚や川虫、微生物などのさまざまな生物のエサとして利用されることになります。

このように、展示生物とエサ生物という水族館では一方的な関係に見えるイトウとニジマスも、自然界では他の生物や人間、生息環境などが複雑に作用しあい、つねにお互いが「食う食われる」の関係でいます。

イトウがニジマスを全力で追いかけて食べる「いただきますライブ」を見て、命が生きるためには命をいただかなくてはならないことを感じ、考えることができます。

そして、動物たちが決して言うことのない「いただきます」という言葉を口に出すことで、わたしたち人間も自然界の動物たちと同じように、他の生命によって生かされているということを実感できるはずです。

Ⅱ

何を食べたいとも、何をほしいとも思わない
——アイヌの昔話

中村元

北海道のアイヌ民族は、アイヌ＝人として生きるのに大切なすべてのことを、口伝で伝えてきました。その口伝によるアイヌの昔話が日本語訳の書籍となっているのを見つけて読んだのは、今から二十数年前のことです。

それは、アイヌ民族の生まれだった故・萱野茂(かやのしげる)先生の『アイヌの昔話——ひとつぶのサッチポロ』（平凡社ライブラリー）という本でした。

アイヌの道徳や風習、決まりごとなどを諭す物語が、歌うような口調で語られていました。その内容は、和人文化のわたしたちの心にも、ストンと納まるお話ばかりでした。

しかしただ一つ、わたしには不思議な感覚になる昔話の言い回しがありました。

それは良い行いをした人に授けられる褒美のことで、アイヌの昔話では、「そのあとは、何不自由なく、何を食べたいとも、何をほしいとも思わないで暮らすことができました」と表されるのです。
一方で悪いことをすると、たいていの場合は、アイヌであっても神であっても死ぬ目に遭うのが普通でした。これはなんだか釣り合いが取れないなあ、と感じたのです。もちろん言葉の意味はわかります。ただバブル経済による好景気の余韻がまだ残っていたその当時、わたしにはその質素な言い回しが何度も出てくることが気になったのです。

あまりにも気になったので、思い切って著者の萱野茂先生を訪ねました。沙流郡平取町の二風谷、北海道内でもアイヌ民族の人口比率の高いところだそうです。
アイヌの昔話に繰り返し出てくる、「何を食べたいとも、何をほしいとも思わないで暮らすことができました」が、日本の昔話にあるような「大判小判がざっくざく」や「大きな蔵が建ちました」とはずいぶん違う。
アイヌ民族は豊かさや幸せを、どのように定義するのか教えていただきたい。そう尋ねるわたしに、萱野先生は大きく顔を崩して答えてくれました。
「だって、日々の食べ物や暮らしにさえ困らなかったら、それ以上の幸せはないよね。そもそもアイヌには、大判小判どころかお金の概念がなかったの。和人が考えるような蔵もないのさ。
アイヌにとって蔵に当たるのは、周囲の野山や川のことだな。ただしそれはみんなの蔵でね、アイヌだけでなく、熊やキツネ、ヘビや鳥も含めたみんなの蔵なの。その蔵から、その日に必要な分だけ取りだしていたら、いつまでたっても空（から）にはならない、永遠に続く蔵なんだね。
だから毎日、何をほしいとも、何を食べたいとも思わないでいられるほどに、食べ物が見つかることは最高の幸せ。逆に余分に取ってきたりするとバチが当たるわけ」

＊

なるほど、お金や蔵の概念がなかったからか！

やっとわかりました。萱野先生のおっしゃることは、薄々想像してはいたのですが、アイヌ民族の価値観と和人の価値観の違いの理由が、もやもやとした霧のなかで霞んでいたのです。

人類は文明を発達させて貨幣を発明し、冷凍庫を発明することで、余分なモノを腐らせずに保存することができるようになりました。

その発明を使って、大量に独り占めすることに夢中になった文明人は、日々移ろう自然の恵みよりも、けっして腐らず銀行通帳で持ち歩けるお金をありがたがるようになったのです。

＊

さらに萱野先生は、アイヌ民族とサケの関係についても教えてくれました。アイヌの昔話では、すべての動植物には神さまが宿っていて、「いい精神」のアイヌのところにやって来て（狩りに成功して）、食べられることになっています。

ところが、サケだけは、神さまがみんなに贈ってくれる食べ物なのだそうです。

「サケはね、これは毎年大量に、いい精神のアイヌにも悪いアイヌにも動物たちにも、誰にでもやってくる食べ物、本当の魚っていう意味のシペって呼ぶの」と。

しかし、そのように大量に遡上してきて簡単に獲れるサケですが、アイヌは産卵の終わっていないサケはあまり獲りません。

産卵前のサケは脂が乗っておいしく、筋子は干して、萱野先生の本の題名にもあるお菓子「サッチポロ」になりますが、冬のあいだの保存食とするには、脂が乗ったサケでは腐るのだそうです。

それで、産卵と放精を終えて死んだボロボロのサケ「ホッチャレ」を干物にします。これは腐ることなく、長く保つ保存食「アタッ」となるそうです。

そしてもちろん、受精した卵からは将来にまたシペとなってやってくるサケの稚魚が生まれ、川を下っていきます。

そうやって、大量にやってくるサケも大切に扱ってきたアイヌですが、日本政府が北海道を治めるようになってから、サケを獲ることを禁止されました。ただの1尾獲っても厳しく罰せられたそうです。今でも儀式用のサケの捕獲だけしか、法律で認められていません。

さらに時代が下ると、川に灌漑用や砂防用などと理由付けられたダムが次々とできて、大量のサケが遡上してくることはなくなりました。

今、北海道でたくさん獲れている天然のサケは、そのほとんどが人工孵化養殖によって放流されたものです。

そして食卓に上がる天然サケは、すべて遡上する前に海で漁獲されたサケです。理由は、それがもっとも脂が乗っていておいしいから。

アイヌ民族との関係を断ち切られたサケの命は、今や漁業と増殖計画の管理の下にあるというわけです。

もちろん、現代社会においてアイヌの昔話の暮らし方を選ぶなんてできません。わたしだってホッチャレの干物ばかりなんてまっぴらです。

ただ……。一切れのサケをいただく時に、萱野先生がおっしゃっていたアイヌの「いい精神」を思い浮かべることは、豊かな北海道の自然を末永く持続させるのに、とても理にかなったことではないかと思うのです。

館長コラム②

水辺の食物連鎖 ——森、川、海の生態学

山内創

海で蒸発した水は、雲となり地上に雨を降らせます。雨水は森によっていったん地面へと蓄えられ、染み出した水は川となりふたたび海へと戻ります。

このようにして、水はつねに循環し、川は流れ続けます。その「水」のなかでは、さまざまな生物たちがお互いに影響を与え合いながら暮らしています。その一例を紹介します。

川の上流では、水面を覆うようにして森が繁り、そこから落葉や枝が川へと供給されます。落葉そのものにはあまり栄養がありませんが、落葉に微生物や菌がつくことによって栄養価が増します。

川では、落葉がニホンザリガニや水生昆虫によって食べられて砕かれ、それらを食べる生き物や微生物によってさらに細かく分解されながら、栄養は徐々に下流へと流れていきます。

落葉を食べて育ったニホンザリガニや水中昆虫は、川に棲む魚や流域に暮らす鳥の重要なエサとなります。流域の鳥たちは、水生生物を捕らえて

食べるだけではありません。

雪と氷で地面が閉ざされ陸上に食物がなくなる冬には、川から羽化する昆虫が鳥にとって重要なエサとなっており、森と川のあいだには、切っても切れない関係が作られています。

そして、森と川の先には海があります。海まで流れ出た落葉には、ヨコエビの仲間が集まりエサや隠れ家として利用し、そのヨコエビを食べてカレイの稚魚が育ちます。

森の土から出た窒素やリン、微生物の死骸や糞、葉が砕かれた有機物などの栄養は、川を通じて海へと流れ、その栄養をもとにして植物プランクトンが発生し、ついで動物プランクトン、小魚、大魚とつづく海の食物連鎖が生まれます。

これだけを見ると、森の栄養は一方的に海へと流れ出ているように思えますが、海から川へ栄養を運ぶ生物もいます。

その代表的な生物が、サケです。

遡上してきたシロザケ

秋に川で生まれたサケは春になり海へ出ます。サケはオホーツク海でしばらく過ごした後、ベーリング海とアラスカ湾周辺を行き来しながら2～8年かけて大きく成長し、生まれた川へと帰ってきて、無事に子どもを残したサケはその生涯を終えます。

北海道では、産卵を終えたサケのことを「ホッチャレ」と言います。この肉がやせたホッチャレの姿こそが、海の栄養を森へと還す重要な役割を担っていることがわかりつつあります。

死体となったホッチャレは、水中で魚や水生昆虫、微生物によって食べられて分解されるだけでなく、キツネやタヌキ、ワシなどの陸上動物のエサとしても利用され、また糞となって森へと運ばれることがわかっています。

森や川が運んだ栄養で育まれた海で大きく育ったサケが、海から運んできた栄養を森へ戻すことで、森の木々はまた葉を茂らせ、その森によって、川や海が育まれるのです。

神の子池

Ⅲ
河童と日本人の世界観

中村元

子どもの頃、河童と会った記憶があります。それがまた２度も！

１度目はよく遊んでいた河原で、友だちを一人で待っているあいだのことでした。捕まえたカエルを、その頃に流行っていた爆竹でいじめるという残酷な遊びを思いつき、その準備に夢中になっていたのです。

しゃがみ込んでカエルに爆竹を取り付けようとしていたその時、冷たい風が吹いてきて、あたりが急に暗くなりました。えっ？ と空を見上げると、晴れていたはずの空が黒い雲で覆われています。

その時、背後でガラガラドドド〜ン！ と雷の音が響き渡りました。びっくりして後ろを振り向くと、そこに立っていたのです。

大人よりも少し大きい体で、頭の周りにぐるりとギザギザの毛が生えている……河童です。

逆光で黒い影になっていましたが、にんまりと笑うように大きな口の口角を上げながら、しかしつり上がった黄色い目が怒っているのはわかりました。頭のお皿も背中の甲羅も見えなかったのですが、それはまぎれもなく河童、しかも怒っている河童でした。

恐怖に駆られたわたしは、カエルも爆竹も放り出して逃げました。友だちと会うまで必死で走ったのをおぼえています。

今になってみれば、河童と本当に会ったのだとは思えません。きっといとこのお姉ちゃんから、「川で悪さするとな、河童が出てきてさらわれるんよ」としょっちゅう脅されていたせいで、見てしまった幻覚。あるいは、その日の夜に見た夢が記憶に残っているのでしょう。

でも、現実であれ夢であれ、河童の記憶はその後のわたしを変えました。それ以降は、川で悪さをすることはできなくなり、その畏怖の対象はしだいに海や山、地球全体へと広がっていきました。

全国津々浦々に潜むモノノケ（物の怪）たちは、このようにして日本人に自然への畏怖心を吹き込むことで、自然を守ってきたのです。

＊

日本に無数のモノノケがいるのは、八百万（やおよろず）の神々がいるのと関係があります。

太陽の神さま、月の神さま、山の神さま、海の神さま、火の神さま、風の神さま、雷の神さま、川の神さま、食べ物の神さま……。古事記には、自然界のあらゆる現象の神さまが現れます。

さらに巨木や巨石、滝などにも神さまが宿り、オオカミや白ヘビ、サメは時に神そのものであったり神の使いとなったりします。そして神さまや神の使いでない者の魂が、年月を経ることでモノノケに変化するのです。

このように自然を神とみなし崇拝する信仰を、「アニミズム」と言い、世界の先住民はおおよそアニミズムの世界観を持っています。しかし、先進国とされる国でアニミズムの世界観が色濃く残っているのは日本だけです。

アニミズムの世界では、人は自然界の一員でしかありません。アイヌの昔話でもそうでした。

自然は人が生きていくのに必要な食べ物や、住居、衣服などを、野山や海の幸として提供してくれます。一方で自然は、台風や雪、地震、雷、洪水、日照りなどによって、人の命を奪うこともあります。

日本人は自然の恵みに感謝をしつつ、あらゆる自然現象に畏れを感じ、その心のなかで八百万の神々が生まれ、祈りの対象となったのです。神さまたちの存在は、モノノケ以上に影響力があります。人は山の神を畏れて森を荒らさず、龍神を畏れて川を大切にし、海の神を畏れて海に祈りを捧げてきました。

そのおかげがあって、日本はこんなに狭い国土に多くの人びとが住みながらも、他の先進国に比べて美しい自然環境が残されているのです。

＊

さらに面白いことに、日本の神さまは労働をします。海彦山彦の神話では、漁師であった海彦の釣り道具を山彦が借りて、釣り針を失ってしまうという話でした。高天原（たかまがはら）では、神さまたちが米作りを営んでいて、最高神とされる天照大神（あまてらすおおみかみ）さえも機織りをしていました。

つまり、自然の恵みに対する崇拝の念だけでなく、食べ物や衣服などわたしたちが生活するのに必要なものを作る労働も、尊いものだとされてきたのです。

だから、「いただきます」「ごちそうさま」の言葉は、食材に対してだけでなく、お百姓さんや漁師さん、調理してくれた人に対しての感謝の言葉としても使われるのです。これは、アダムとイブが神さまとの約束を破った罰として、楽園から追い出され、労働を科されたのと大きく違います。

日本人の考える楽園とは、神さまたちがそこかしこに見え隠れするこの世です。山の神に祈って舟を造る木を切り出し、舟を造る職人は舟魂に祈り、風の神に鎮まっていただきつつ、海の神に豊漁をお願いする。魚が獲れすぎたり、巨大なクジラが獲れたりした時には、その魂が鎮まるように供養をする。

わたしたちの食卓にある魚の命は、知らず知らずのあいだに、このようにたくさんの真摯な祈りを経て、手元に届けられたものです。

そう考えれば、神さまのことなどすっかり忘れている現代人でも、なるほど！と深い納得から「いただきます」が言える。それこそ、まだかすかにでもアニミズムの心が日本人に残っている証拠だと思うのです。

アイヌの世界観の多くは書物に残るだけとなり、日本神話を読む人はほとんどいなくなりました。日本人のアニミズム的な世界観は薄まりつつありますが、この世界観こそが、現在欧米でやっとわかってきた「地球環境は科学でコントロールできない」という現実への唯一の答えになるでしょう。

北の大地の水族館では、「いただきます」というキーワードと北海道の水辺の「いのち」の展示を通じて、みなさんにアイヌ民族の世界観、日本人の世界観を発見していただければと期待しています。

館長コラム③

北海道とサケ
── 淡水魚の食文化

山内創

「北海道と言えば」と聞かれたら何を思い浮かべるでしょうか。小樽運河や函館の夜景などの観光地を思い浮かべる方もいれば、雪や流氷など自然現象を思い浮かべる方もいるでしょう。

その一方で「サケ」を思い浮かべる方も多いのではないでしょうか。北海道は全国の都道府県別サケ・マス類の漁獲量のうち8割を占めており、市場に出回るサケ・マスの多くが北海道産です。

和朝食には欠かせない一品であり、また塩を振って乾燥させた新巻き鮭は年間約6万トン製造され、お歳暮などの贈答品として利用されています。日本全国の食卓で「北海道のサケ」が活躍しています。それでは、北海道ではサケをどのように利用してきたのでしょうか。

北海道および周辺に先住しているアイヌ民族は、厳しい冬を前に大量に川へと戻ってくるサケを「カムイチェプ（神の魚）」と呼び、特に初物のサケはお盆にのせて神に感謝をしてから調理をしたそうです。

また、サケは長い冬のあいだの貴

重な動物性タンパク質として珍重され、保存食だけでもさまざまなものがあります。内臓も取らずに一尾をそのまま凍らす「ルイペ」や、尾を付けたまま三枚おろしにして皮を内側にして干す「アタッ」、他にも塩引きにして燻しながら干す方法も知られています。

また筋子や白子はもちろんのこと、現代では捨てられることも多い腎臓などの内臓、頭や目玉、それにヒレに至るまですべての部位を使いこなしていたそうです。

現在、北海道に暮らす多くの人びとにとっても、サケはとても身近な食べ物です。夏の終わりから雪が降りはじめる頃まで、浜にはずらりと釣り人が並び、サケ釣りを楽しみます。

筋子はイクラの醤油漬けに、身はさまざまな方法で食べられています。石狩鍋やちゃんちゃん焼きは有名ですが、この他に北海道らしい料理法と言えば、サケの身と米、麹、大根や人参などの野菜を漬け込んだ「サケの飯寿司(いいずし)」も食卓を彩る秋の味覚

アイヌ料理「アタッ」。萱野茂二風谷アイヌ資料館所蔵

として外せません。

北陸から東北の日本海沿岸と北海道で盛んに作られる魚肉を使った漬物「飯寿司」は、北海道ではサケの他にもニシンやハタハタ、ホッケなどを使って作られますが、サケの飯寿司が最高の味という人も少なくありません。

北海道の魚と言えば海の幸をイメージしますが、広大な北海道では新鮮な海水魚を食べられる地域ばかりではなく、遡上するサケのように川で捕れる生き物を食す文化も育まれてきました。

前述の飯寿司もそうですが、サクラマスの幼魚であるヤマメ（北海道名ヤマベ）や、シシャモなどを寿司で食べたり、ウグイをアカハラと呼んでコイのように「洗い」にして食べたりしていた地域もあるようです。

海の魚が大量に流通するようになり、淡水魚を食べる文化は徐々に廃れてきてはいますが、現在でもヒメマスやヤマメを中心としたサケ科魚類は多くの人びとに愛される味覚・食材として日本の食文化に根付いています。

Ⅳ
命が命を支える
―― いただきますの連鎖

中村元

「食物連鎖」「弱肉強食」、いずれも野生生物の世界が話題になる際によく耳にする言葉です。これらの言葉からみなさんが連想されるのは、おそらく、強い者が勝者となって、弱い者は強者の糧となるピラミッド型の世界でしょう。

でも実は、食物連鎖や弱肉強食は、漢字の組み合わせから想像されるような単純明快なことではないのです。

連鎖の「鎖」はただ一直線につながっているということではありません。そして、本当の強い弱いは、体力や牙の大きさのことではありません。

もしそうだったら、世の中には頂点に立つ者しかいなくなるはずです。そうならない理由こそが、地球における食物連鎖と生物間における弱肉強食の本当の意味なのです。

食物連鎖をピラミッド型の「食べる食べられる」の形として多くの人が思い浮かべるのは、理科の教科書にその図解が載っていたからです。

ピラミッドのもっとも底辺にあるのが、細菌やバクテリアなど、さらに土中の虫など「分解者」と呼ばれる微小生物でした。

その上にある大きな集団が植物。植物は地中から養分を得るとともに、太陽光のエネルギーで光合成をして成長し、無機物から有機物を作りだす生物なので「生産者」と呼ばれます。

その植物の葉や実や根、蜜などを食べて生きるのは草食動物で、これが最初の「消費者」とされます。昆虫やネズミなどの小動物から、シマウマやキリンなどの草食獣まで、動物としてはとても大きなグループです。

ここからは複雑です。シマウマを狩って食べるのはライオンなどの頂点に立つ「高次消費者」ですが、昆虫を食べるカエル、カエルを食べるヘビ、ヘビを食べるフクロウと順次「高次消費者」へと進む鎖もあります。

高次消費者は、消費者に比べて種類も数も少なくなるため、食物連鎖はピラミッド型に表されることが多いのです。

＊

しかし、これだったら食物連鎖ではなく食物ピラミッドとした方が正しいですね（実際にそう呼ぶのですが）。そしてこれは、本当の命のつながりを表してはいません。そもそも、ピラミッドの最底辺にいる「分解者」はいったい何を食べているのでしょうか？

彼らは上位みんなの体を分解して食べているのです。落ちた木の葉や木の実、動物からの排泄物、食べ残し、そしてすべての生物の死体を分解して食べているのです。もちろん、ライオンであってもシャチであっても、それこそ骨の髄までしゃぶり尽くされます。

連鎖のチェーンはただ一直線につながった鎖ではなく、いくつも円環状につながった端のないチェーンなのです。

つまり、地球上の生物は、お互いに食い合ってしか生きていけない。いただきますの連鎖をしているというわけです。

閉じられた地球という世界で、生物がこんなにたくさん長く繁栄できるのは、この原理のおかげです。生まれては他者を食べ、死んでは他者に食べられることで、互いを無限になくならない資源にしているのです。

わずかに無機物へと消滅していく分は、植物が取り込む太陽エネルギーでまかなわれます。

いただきますの大循環、それが地球の命の正体です。

ところが、この大循環のなかに入っていないのがヒトです。ヒトは鯨肉からプランクトンまで、さらにはクロレラなどという淡水性単細胞緑藻類まで、食物連鎖などお構いなしになんでも食べる「行儀の悪い生物」です。

そしてなんと、先進国の住民が死ぬ時には、自らの身体を他者の役に立てようとはせずに焼かれて灰になります。

だからこそ、わたしたちヒトは、地球の生物のなかでひときわ大きな声で「いただきます！」と感謝しなくてはならないのです。

＊

さて、このように考えていくと「弱肉強食」の方も単純ではないことが見えてきます。互いに食い合うという地球生物的行為の上で、強い弱いは決められないということ。ピラミッドの頂点にいるはずのライオンであっても、ノミやアブに血を吸い取られ、衰弱したとたんにさまざまな生物の餌食です。

高速で泳ぐ巨体のマグロも、卵から生まれたばかりの稚魚は、親のマグロが狙う小魚に狙われます。生物は成長し死ぬものなのだから、一生のうちに弱肉になる時もあれば、強食の側になることもあるのです。

ピラミッドでは下の方にいる植物ですが、樹木の戦略は動物とはまた違います。生き残るという点では、千年以上の寿命の者がたくさんいて、それはもうどれだけ葉や実を食べられようとも、弱肉の側ではありませんね。

「はじめに」で述べたとおり、すべての生物には独特の価値観があって、わたしたちヒトが思う弱肉と強食の考え方を基準にすることなどできません。

ただ、ここでもやはりヒトだけは別格です。ヒトはつねにその知恵と、自ら発明した道具や機械によって「強食」の側に立ち続けることができます。そして「弱肉」の側になることなど、よほどのことがなければあり得ないでしょう。

そんな強すぎるわたしたちヒトだからこそ、この地球の住民はすべからく食べ合い喰らい合ってしか生きていけないことを、つねづね意識しておきたいものだと思うのです。

館長コラム④

世界の水産資源と消費 ——魚介類、海藻類、真珠

近年、世界的な健康志向の高まりや中国など新興国の経済発展によって、世界の水産物需要は年々高まりを見せており、一人あたりの年間水産物消費量は50年前と比べて2倍に増加しています。

また少子高齢化により人口減少時代に突入した日本とは反対に、2016年には73億人だった世界人口は今後も増え続け、2050年には97億人、2100年にはなんと112億人にまで増えるとの国連の予測もあります。

今後もますます食料としての水産物の需要は増すとともに、食用以外での消費も当然増加するものと考えられています。

水産資源の多くは天然資源に頼っており、養殖魚類の多くもそのエサには天然資源のアジやイワシなどが使われています。そのため、食卓にのぼる魚が養殖魚にかわっても、天然資源に与える影響がまったくないとは言い切れません。

資源の枯渇が心配されるなか、世界中で乱獲を防止するためにさまざまなルールが設けられ、持続的な食料

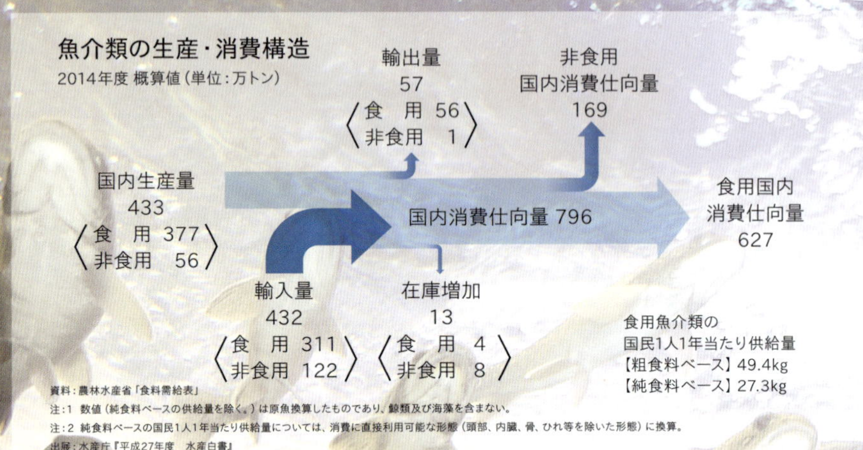

生産が行われようとしています。代表的なものがTAC（Total Allowable Catch、漁獲可能量）制度です。

これは、魚種ごとに年間に漁獲できる総量を定めるもので、日本では、1.漁獲量が多く国民生活上で重要な魚種、2.資源状態が悪く緊急に管理を行うべき魚種、3.日本周辺で外国人により漁獲されている魚種として「サンマ」「スケトウダラ」「マアジ」「マイワシ」「マサバ・ゴマサバ」「スルメイカ」「ズワイガニ」の7種について、TAC制度により漁獲枠を定めています。

さらに、これによって定められた漁獲枠から得られる利益を適切に分配し、適正に利用されるために、例えば個々の漁船やライセンス所有者に全体の漁獲枠が分配される漁獲枠の個別割当制ITQ（Individual Transferable Quota）や、漁業から得られる富の一部を地域共同体全体に配分する地域振興漁業権CDQ（Community Development Quota）など世界中でさまざまな仕組みによって資源を守る取り組みが行われています。

では、われわれ日本人は現在水産資源をどのように消費しているでしょうか。

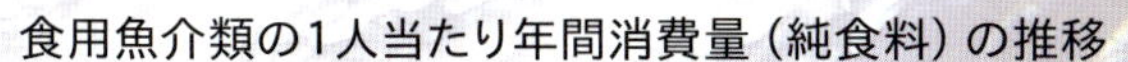

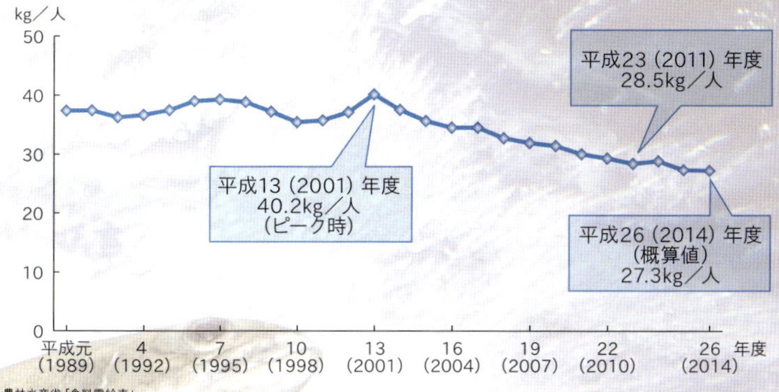

資料：農林水産省「食料需給表」
出展：水産庁『平成27年度　水産白書』

2014年度、日本国内で一年間に出回った魚介類の量（国内消費仕向量）は796万トンでうち79%に当たる627万トンが食用となっています。これを一人あたりの年間消費量に換算すると27.3キログラムで、中ぐらいの大きさのアジ（およそ一尾150グラム）にすると約180匹となり、2日に1度はアジを食べている計算になります。おそらく若い方の多くはそんなに食べていないと思うでしょうし、逆に少なく感じる人もいるでしょう。

日本人の年間魚介類消費量は2001年をピークに減少を続けていましたが、近年下げ止まりの傾向を見せており、いわゆる魚離れに歯止めがかかりつつある状況です。

また水産資源には魚介類だけでなくワカメやコンブといった海藻類も含まれます。魚と違い海岸で動くことなく生えている海藻類は古代から食料として利用され、現在でも佃煮や汁の具材、おひたしなどさまざまな料理に用いられています。近年では、魚とともに生産量・消費量は減ってきていますが、それでも2012年には44万トン余りを養殖で生産し、そのほとんどを国内

で消費しています。

さらに水産資源は食用としてだけでなく、食料残滓から作られる「魚粉」は餌飼料として使われるほか、「魚油」は餌飼料の添加物や、健康食品として消費をします。

また、海藻類もそのエキスを抽出して化粧品の成分として使われたり、発酵させてバイオエタノールとして燃料に使われたり、あるいは肥料として利用されるなど、非食用の利用も盛んに行われています。

忘れてはならないのが真珠でしょう。アコヤ貝に人工的に核を入れて作る真珠の輸出額は、2015年には年間339億円。水産物輸出額では第2位になるほど生産され、世界中の多くの人びとを魅了しています。

食料として、食料生産の基礎として、また美容や健康のためなど、多様な分野で利用される水産資源は、人間の生活になくてはならない存在です。海や川からもたらされる恵みには、直接口にすることがなくても、「いただきます」と心を込めて唱えるべきものがあると言えるかもしれません。

V

魚をきれいにいただきます！

一尾丸ごとの魚を食べるのは、
「骨を取り除くのが面倒」「難しい」と敬遠されがちですが、
ほんの少しコツをつかめば、意外と簡単。
きれいにいただくことは気持ちが良いし、
命をいただく感謝の気持ちにもつながります。

調理・スタイリング　大原千鶴／取材・構成　川島美保／撮影　内藤貞保（51 ～ 55 頁）

魚の塩焼きをいただく、基本の手順

※写真はアマゴですが、ニジマスやヤマメなど、その他の魚をもちいた焼魚や煮魚の料理でも同様の手順でいただけます。

きれいに食べるポイント 1

魚の身を4つのブロックに分けて順番にほぐす。

魚の構造に沿って写真のような順にほぐすことで、身をかたまりでいただけます。そうすることで味や香りを強く感じられるので、よりおいしくなりますよ。

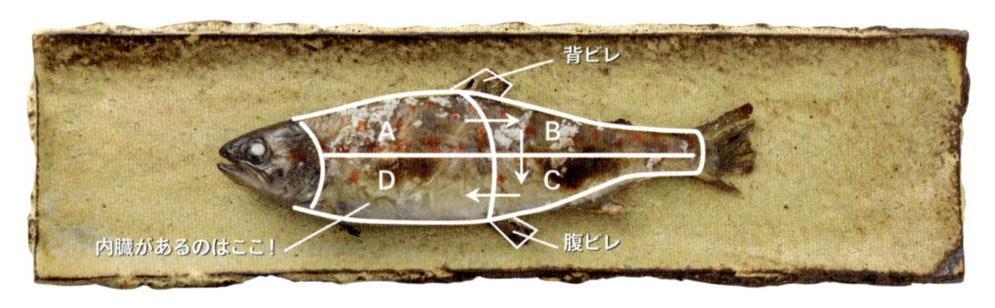

きれいに食べるポイント 2

裏側の身をいただく前に、ヒレを取る。

ヒレに付いている小骨は、裏側の身につながっています。
身を口に入れる前に小骨を取っておくと、ストレスなくきれいにいただけます。

中骨があるのは、エラの真ん中あたりから尾に向けてのラインです。

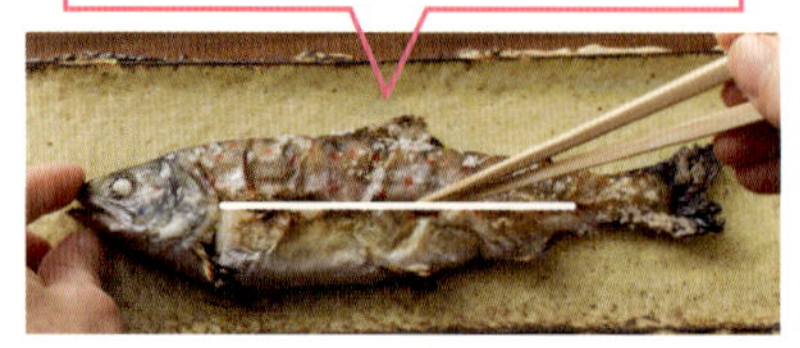

① 中骨に沿って、箸を入れます。

できるだけ皮ごといただきましょう。

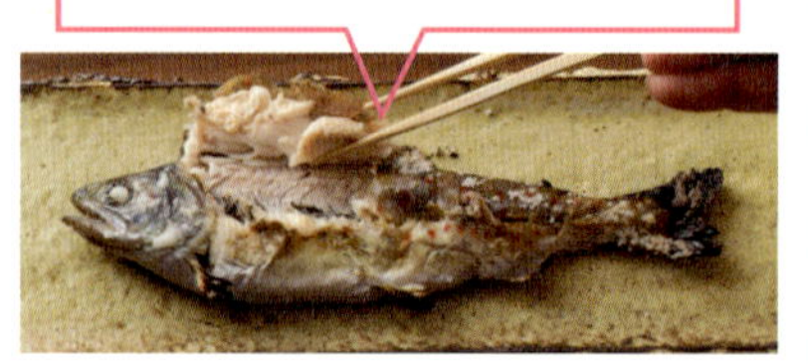

② 背側の身の前半分を写真のように開いていただきます。

③ 背側の身の後ろ半分を②と同じように開いていただきます。

④ 腹側の身の後ろ半分を写真のように開いていただきます。

⑤ 腹側の身の前半分を④と同じように開いていただきます。

身の下にある内臓は苦みが強いことが多いので、食べなくても大丈夫です。

⑥ 左手で軽く頭を押さえながら、背ビレ、腹ビレを取る。

骨が折れやすいので、必要に応じて手で支えながら行なってください。

⑦ 内臓を取る。

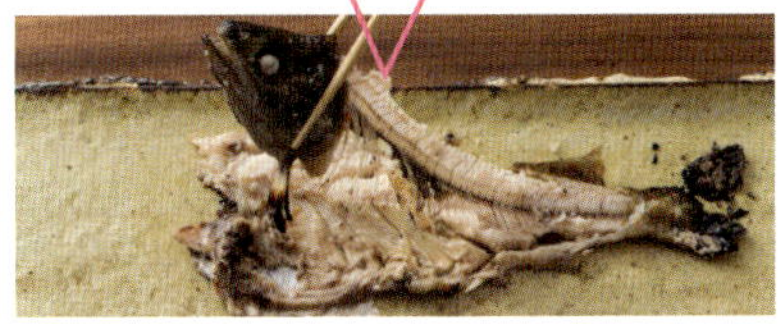

⑧ 箸で頭を持ち上げるようにして、中骨をゆっくり外す。

小骨が口に残った場合は、左手で口元を隠しながら箸で取り出し、お皿の隅に置きましょう。

⑨ 残りの身を②〜⑤の順と同じようにいただく。

中骨の周りに付いた細かい身までいただくと、きれいな姿になります。

⑩ ごちそうさまでした！

番外編① 鮎の塩焼き

夏の風物詩・鮎の塩焼きには、
中骨を引き抜いていただく独特の方法があります。
上手に取れた時は、思わず嬉しくなるはず。
ぜひ覚えて挑戦してみてください。

①胸ビレと背ビレを取る。

骨と身が離れやすくなります。

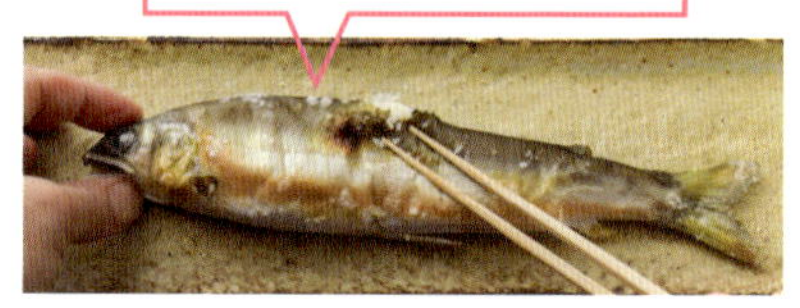

②頭から尾に向かって箸をずらしながら、身をぐっと押さえる。

③左手で身を立てて、背中の身も②と同様にして頭から尾に向けて押さえる。

④左手でアゴのあたりを押さえながら、尾ビレを取る。

⑤エラのあたりに箸を入れる。写真のように左手で頭ごしに中骨を持ち、身を押さえながらゆっくりと左に引き抜く。

⑥こうなれば、見事成功！

鮎の内臓はおいしいので、身と一緒にいただけます。引き抜いた中骨の周りに細かい身が付いている場合は、できるだけきれいにいただきましょう。

※和食店などでいただく場合は、頭も含めて骨ごといただけるように焼いている場合があります。お店の案内に従ってください。

番外編② ホッケの干物

ご家庭で登場することも多い干物は、
丸ごとの魚に比べたら簡単！
最初に骨をひと通り外してからいただくと、
口の中に骨が残りませんよ。

中骨に付いた飴色の薄皮は
濃厚な旨みがある部分。
ぜひいただいてください。

① 中骨を外す。

この小骨に付いた身も
おいしいので、箸で外し
ながらいただきましょう。

② 腹側の身に付いている小骨（腹骨）を取る。

③ 背中側に付いている小骨を取る。

④ 身の中央ライン上に縦に入っている骨
を取る。

箸先で上に向かって引き抜くと、きれいに取れます。

⑤ 細かいところまでいただくと、お皿に
残るのはこれだけ！

第 2 章

北の大地の水族館を歩く！

I
北の大地の水族館のプロデュース

中村元

北の大地の水族館は、北海道東部の温根湯(おんねゆ)温泉郷が北見市に合併する以前の旧・留辺蘂(るべしべ)町だったころに、「山の水族館」として1978年に誕生しました。北見市に合併してから建て替えられ、2012年7月7日に現在の形で再オープン。

水族館名は新たに「北の大地の水族館」としています。

わたしは、建て替えの時のプロデュースをさせていただきました。北の大地の水族館の仕事がいつにもまして楽しかったのは、条件が厳しいために、水族館としての弱点があまりにもすごかったからです。

海から遠く離れた山裾にぽつんとある水族館。水族館の利用者は海の世界

に惹かれ、いつでも覗き見ることのできる川の世界には興味を持ちません。ところが、この内陸では淡水生物しか展示できないのです。

そのため展示されるのは、サケ・マスの仲間を中心とした北海道の川の魚と、ペットショップで手に入る熱帯魚、そして金魚。誰も興味を持つとは思えませんでした。

冬の厳しい寒さにもたまげました。北海道のなかでももっとも寒い町の一つだとは聞いてはいたものの、温暖化が進み、北海道にも梅雨や冬の雨が訪れる現代に、マイナス 20 度を超えるまちがあるとは驚きでした。

そして、北海道民が寒さと雪が嫌いで、冬の温根湯を訪れる人は少ないということもまた、驚きの新事実でした。たしかに冬の温根湯のまちには人っ子一人おらず、車さえもめったに通りません。

こんな場所で水族館を建てるなど愚の骨頂。にもかかわらず、山の水族館はすでに存在していたのです。忘れられたかのようにひっそりと。

さらにもう一つ、氷瀑のごとく立ちはだかっていた悪条件が、建築予算のあまりの少なさでした。当初予算が２億５千万円、最終予算が３億５千万円。１億円は増えたものの最近の中規模水族館では６０億円ほどかかるので、そのおよそ２０分の1の予算です。

普通に考えれば、この水族館計画は無謀すぎます。お客さんに来てもらえる要素があるようには思えません。

でも、弱点などというのは、一般的な常識を物差しにしているからそうみなされるだけであって、別の物差しを使えば、それは強烈な魅力になります。また、弱点はそれを補うために、新たな進化を発現させます。

温根湯に住んでいるみなさんにとって、冬の寒さが北海道のどこよりも厳しいというのは、マイナスイメージでしかありません。でも、温暖な三重県で育ったわたしにとっては、興奮するほど面白い環境でした。それはきっと、比較的暖かい札幌の住民にとっても興味深いことでしょう。

水族館に来るお客さんが川の魚に興味がないのが常識ならば、今まで常識を覆した水族館がなかったということ。競争相手がいないのだから、川の魚たちを美しく見せ好奇心を持たせる展示を、日本で最初に実現できる好条件とも言えるのです。

それを考えて実現していくことが、わたしが担当したこの水族館のプロデュース作業だったのです。

まず、新しい水族館のテーマを「北の大地の魅力を誇り、発信する水族館」と決めました。北海道の力強い川の流れや、幻想的なイメージの湖を、自然の厳しさや豊かさとともに、わたしの得意な水塊展示で発信するのです。

美しい滝の滝つぼを水底から眺める、誰も見たことのない「日本初」の水中景観。そこには太陽にきらめいて群れ泳ぐオショロコマ。

幻想的な色合いの湖底にゆらっと沈む生木、そこには日本最大の淡水魚・イトウの群れが潜む。

四季によって、植物や雪に覆われる河畔林のある川。雪解け水の激流をサケ・マスの仲間が上流に向かって泳ぐ。

この川の水槽は、予算不足のために建物の外に川を掘ってアクリルパネルを置くという方法で、お金をかけずに作りました。しかもそうすることで、冬の酷寒を利用した、「世界初」の川面が凍る水槽を実現したのです。

さらに、酸化還元力が特別に強く、アンチエイジング効果が抜群という温根湯の温泉に目を付けました。この水族館の熱帯魚たちは、冬場には温泉と冷泉による施設で育ち、その効用で傷の治りが驚異的に早かったのです。

暴れたり喧嘩をしたりして剥がれたウロコが3か月ほどできれいに再生するなど、他の水族館ではあり得ない現象が起きていました。

そこで、この温泉水を「魔法の温泉水」と名付けて、魚たちが美しく巨大に育つことと同時に、地元の温泉郷の存在をアピールしたのです。

こうして、かつての山の水族館は、北海道の滝、川、湖の美しさとそこに育まれる命の躍動に加え、川も凍る寒さとその水中でじっと春を待つ命の姿、さらには豊富で上質な温泉という、北の大地の魅力を世界中に発信する「北の大地の水族館」へと進化したのです。

II
展示の紹介
山内創

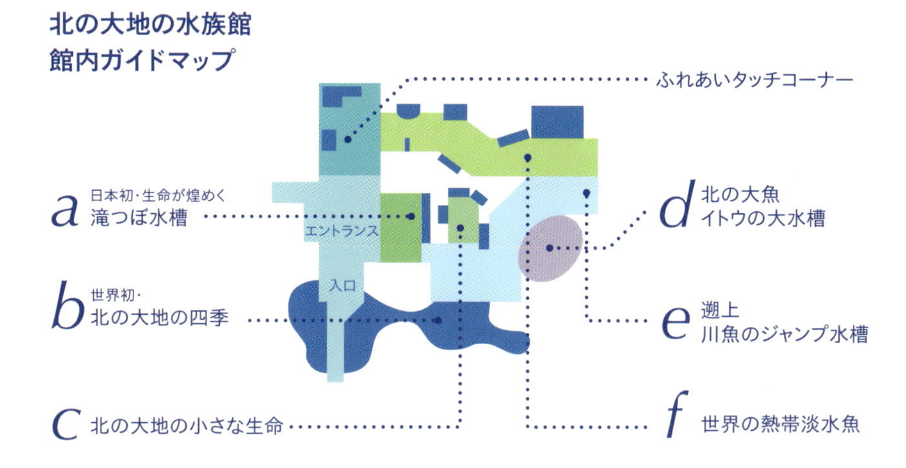
北の大地の水族館
館内ガイドマップ
ふれあいタッチコーナー
a 日本初・生命が煌めく
滝つぼ水槽
エントランス
入口
b 世界初・
北の大地の四季
c 北の大地の小さな生命
d 北の大魚
イトウの大水槽
e 遡上
川魚のジャンプ水槽
f 世界の熱帯淡水魚

a 日本初・生命(いのち)が煌めく滝つぼ

滝つぼ水槽では､「オショロコマ」「アメマス」「ヤマメ」の３種類の魚を展示しています。なかでもオショロコマは日本では北海道にだけ暮らすイワナの仲間で、独特の朱色の斑点や複雑な模様を持ち、暮らしている水系や個体群によって異なる色や模様を示すことから「渓流の宝石」とも呼ばれる大変美しい魚です。

生命が煌めく滝つぼ水槽

警戒心が薄く比較的簡単に釣れるこの魚は、釣り人のあいだでは、お目当ての魚が釣れない時に、なぐさめとして釣れる「やさしい魚」とも言われています。

オショロコマは日本のサケ科魚類のなかでも低い水温を好む種です。湧き水が豊富な河川や、知床半島のような年間の水温変化が小さく夏でも水温が高くならない河川では、標高の低い場所や河口に近い場所でも見られますが、多くは日高山脈や大雪山系の山岳地帯の渓流に暮らす「森の魚」です。

オショロコマ　サケ科イワナ属に属する魚。冷たい水でしか生きられず、河川ごとに違う美しい色や模様から渓流の宝石とも呼ばれている

左はオショロコマの縄張り争い

滝つぼ水槽では冬になり水温が下がると、水槽内でオショロコマが繁殖のために婚姻色を呈し、美しい色合いになります。そうした頃にかならず聞かれるお客さんの一言と言えば、「おいしそう」。この魚、もちろん食べることができます。

オショロコマは身の水分量が多いため、おすすめは揚げ物です。唐揚げやフライなどにすると、ホクホクの身と素朴な川魚の味が、どこか懐かしい北海道の源流の風景を感じさせてくれます。

アメマス　サケ科イワナ属に属する魚。イワナの降海型。大型になり海アメの名で釣り人から人気

ヤマメ　サケ科サケ属に属する魚。降海型はサクラマスと呼ばれ、河川型ではパーマークと呼ばれる斑紋が特徴的

北の大地の四季の水槽

b 世界初・北の大地の四季

川や湖が凍る——これは冬の北海道では当然のこと。その下で生物が生きられるというのは、水という物質の特別な性質が大きく関わっています。

多くの物質は、温度が下がれば下がるほど密度が増えて重くなり、反対に体積は減っていきます。ところが水は4度で最大密度となり、凝固点である0度を境に密度が大きく減って軽くなり、体積が一気に増大するのです。

水が他の物質と同じように凝固したあとも密度が増えて重くなる性質を持っていたとしたら、湖は表面でできた氷が水中へ沈み、押し上げられた水はま

ニジマス　サケ科サケ属に属する魚。北米原産の外来種だが、日本各地に移殖され定着している

た表面で凍って水中へと落ちていくことになり、湖は底から水面まですべて凍ってしまいます。ところが、水の持つ「氷になると軽くなる」という特殊な性質によって、北海道の川や湖では、水面が凍っていても水中は凍らずに生物が生きることができます。

氷の下でたくましく生きる生物たちには、別の脅威もあります。近年、日本全体でブラックバスやカミツキガメといったいわゆる外来種が問題になっています。北海道の川や湖でも同様に外来生物が大きな問題になっており、その中心にいるのがニジマスです。

ヤマメやオショロコマなどの在来生物がニジマスに駆逐され、置き換わるな

北の大地の四季の水槽（冬）

どの直接的な被害だけではありません。絶滅危惧種であるイトウの産卵への影響、近縁種との交雑問題などさまざまな問題から、北海道ブルーリスト（外来種リスト）ではカテゴリーＡ２に指定され、「生態系に大きな影響を与えており対策の検討が必要な種」として扱われています。

それならすぐにでも駆除した方がよいと思われる方もいるでしょう。しかしこのニジマス、実はみなさんにとって馴染みの深い魚でもあります。回転寿司やスーパーに並ぶ「トラウトサーモン」。これはなんと、ニジマスを海で養殖したものです。法律や条例で駆除をすすめるとなれば、養殖生け簀ではコスト

北の大地の四季の水槽（春）

をかけて脱走防止の対策をしなければならないことになり、その分、「トラウトサーモン」の値段は上がってしまうでしょう。

また、北海道ではニジマスは釣りの対象として大変な人気者でもあります。釣り竿やルアー、フライ、エサやボート、ライフジャケットや偏光グラスに至る釣り道具の製造販売から、釣りガイドや雑誌など周辺産業まで、さまざまな人たちが関わるニジマスという生き物ですから、今現在も慎重な議論が続いています。

C 北の大地の小さな生命

このコーナーでは飼育員自らが採集した生物を中心に、小さくてあまり注目されない、忘れられがちな生き物たちを展示しています。北海道と言えば海や大きな湖、広大な河川などスケールの大きな自然に目を奪われがちですが、細流や湿地に注目すると愛らしい生物が姿を隠しています。

なかでも当館の人気ものは、エゾサンショウウオでしょうか。世界でも北海道にしか暮らしていないこの両生類は、かつては家の近所の水たまりのような場所にもいた、とても身近な生物でした。農地の開発が進んで低地に池や沼がなくなると同時に見かけなくなり、今では登山道や山裾の小さな水たまりでしか見ることがなくなってしまいました。

とはいえ、雪解けの時期にはあちらこちらで繁殖のために集まる様子を観察することができるので、水たまりを見かけたら覗いてみてはいかがでしょう。

他にもエゾアカガエルやエゾホトケドジョウ、ニホンザリガニなど北海道で見られる小さな生物を、季節によって入れ替えながら展示しています。

北の大地の小さな生命コーナー

エゾサンショウウオ　北海道でもっとも普通に見られるサンショウウオ。雪解け時期には水たまりに集まり繁殖行動をする。下は、エゾサンショウウオ（オス）

ニホンザリガニ　北海道、青森県、秋田県、岩手県の小川に生息する日本固有のザリガニ

エゾホトケドジョウ　北海道のみで見られるドジョウの仲間。北海道産の他のドジョウとは口ひげが4対あることで見分けられる

d 北の大魚イトウ

イトウは近い将来絶滅の恐れがあり、環境省によって絶滅危惧種1B類に指定されており、釣り人のあいだでは「幻の魚」とも呼ばれています。1960年代までは、青森県にも生息地があり、岩手県でも目撃情報がありました。しかしダムの建設や河畔林の伐採、河川の直線化工事などの影響により環境が変化したことが原因で、現在では北海道でもごく限られた一部の川や湖でしか見ることができなくなってしまいました。

イトウは日本産サケ科魚類のなかでただ一種、春に繁殖期を迎えます。3～5月の繁殖期に、普段生活している川の下流や沿岸部から川幅3～4メートルほどしかない川の最上流部まで遡上し、オスとメスが一対一のペアとなり

イトウ発眼卵

イトウ　サケ科イトウ属に属する魚。日本最大の淡水魚で1.5メートルにも成長し、15年以上生きる

北の大魚イトウの大水槽

繁殖行動を行います。

この時、オスの体は普通、オス同士のメスを巡る争いやメスに対するアピールのために鮮やかな赤色に染まります。

水族館の展示でも、ゴールデンウィークの頃に赤色に染まったイトウを見ることができます。オスのイトウは４～６歳頃から、メスのイトウは６～８歳頃から繁殖に参加すると考えられています。

水族館のイトウは北海道幌加内町の朱鞠内湖（しゅまりない）というダム湖からいただいてきていますが、朱鞠内湖の漁師さんのあいだでは冬のイトウ、それも６０センチよりも小さいイトウがおいしいと言われているそうです。食べ方は半解凍のお刺身、ルイベ。白身ながらほどよく脂が乗り、とてもおいしいそうです。

川魚のジャンプ水槽

e 遡上

川や池などの淡水域は、雨などによる増水や渇水でそれまで水があった場所に水がなくなったり、逆に新しく流れができたりすることがあります。

淡水魚は、そのような環境の変化に素早く対応するために水位の変化を敏感に感じ、より快適な場所、繁殖のための場所へ移動することができます。この水槽では、そんな彼らの性質を利用し、水位の変化によって魚が移動する様子を見られるようになっています。

ここで展示しているヤマメ(北海道名 ヤマベ) とサクラマス、じつは同じ魚です。

名前が変わる魚といえば、スズキやブリなどのいわゆる「出世魚」のようですが、それらとは少し違います。

冬のあいだに孵化したヤマメの稚魚は、その年の夏までの成長度合いや遺伝子、生息環境によってさまざまな一生を送ります。これを、生まれてから死ぬまでに複数の通り道があることから「生活史多型」と言います。

夏までに大きく成長できたオスは河川内にとどまり、ヤマメとして秋には繁殖に参加します。一方、ほとんどのヤマメは次の年の春に海へ移動し、サクラマスとなります。さらに、1年目に成長が悪かった個体は2年間川にとどまり、ヤマメとして過ごしたあと、満2歳の春に海へ移動しサクラマスになります。

ヤマメの遡上

すなわち、魚の年齢に関わらず、川にいるうちはヤマメ、海に出ればサクラマス、ということになります。春になり海へ出てサクラマスになった個体は、日本の近海で１年間過ごしたあとに春ごろから生まれた川へと遡上を開始し、秋の繁殖期までの３～５か月間を川で過ごします。

川の最上流まで遡り、ヤマメや他のサクラマスたちと一緒に子孫を残し、死んでいきます。また一般的に北方の生息域になればなるほど、海に出てサクラマスとなる個体が増えたり、オスよりもメスのほうがサクラマスとなる個体が多かったり、親がヤマメであれば子もヤマメとして一生を過ごす割合が高かったりします。

さまざまな生活史を送るサクラマスにとって、川を自在に移動することは子孫を残すためにとても重要な能力です。遡上水槽では「必殺技」とも言えるその能力を存分に見ることができます。

f 世界の熱帯淡水魚

世界中に、淡水魚は1万2千種類ほどいると言われています。「熱帯魚」の定義というものは特になく、主に熱帯や亜熱帯地方に住む魚の総称です。また観賞魚店（いわゆる熱帯魚屋さん）で売られている魚を熱帯魚と言ったり、単に外国産の魚のことをそう呼んだりしています。

水族館の展示では、温根温泉の温泉水で美しく大きく育った熱帯淡水魚を南北アメリカ大陸、東南アジア、アフリカ大陸の３つの区分に分けておよそ３５種類２０００匹を展示しています。

日本では、観賞魚店や水族館、図鑑やテレビでしか見ることのない熱帯淡水魚たちですが、それぞれの生息地ではもちろん川や池、湖などに普通に生息し、日本の淡水魚と同様か、それ以上にその地域の人びとに利用されています。

世界の熱帯淡水魚の水槽

特に海のない内陸部の地域では、淡水魚は貴重なタンパク源として利用されています。水族館で展示している魚のなかで、現地で重要な役割を持っている魚をいくつか紹介します。

まずはなんといってもピラルクーでしょう。世界最大の淡水魚とも言われるこの魚は、生息地であるアマゾン河流域において、大変重要な役割を果たしています。

ピラルクーの肉は塩漬けにされ、くるくるとロール状に巻かれて保存食として売られていますし、舌骨と呼ばれるヤスリ状の舌はさまざまな物をすりおろすのに使われています。ウロコも、昔は靴ベラとして利用されていたそうで、靴ベラが工業製品に取って代わられた今では、お土産物のお面を作るのに使われています。

東南アジアコーナーに展示しているカイヤン。カンボジアでは近縁の数種

ピラルクー　アマゾン川に生息し、世界最大の淡水魚とも言われる。太古の昔から姿を変えていない生きた化石

類の魚とともに、メコンデルタの最重要魚種とされて養殖が盛んに行われ、２００３年には10万トン以上が輸出されています。

　このように日本では水族館などで「見る」魚である熱帯淡水魚たちも、その生息地では、人びとが生きる上で、食料として、また産品として重要な役割を果たしています。

アジアアロワナ　東南アジアに生息し、その美しさから観賞魚として高い価値がある。絶滅が危惧され、ワシントン条約で国際取引が規制されている

カイヤン　東南アジア原産のナマズの仲間。60 センチ以上に成長し、原産地では川の上流と下流を行き来する

おわりに

山内創（北の大地の水族館 館長）

　これからの水族館は、どのような存在であるべきか。
　近年、水族館不要論やイルカやシャチなどの捕獲や飼育に対する批判など、世間では水族館の根幹を揺るがすような議論が巻き起こることがあります。
　これは決してイルカやシャチなどの海洋哺乳類だけの問題でなく、そのような生物を飼育していない水族館でも早晩直面することになる問題です。
　そうした時、またそうなる前に、「北の大地の水族館」では何ができるだろう、社会のなかでどのような存在であればいいのだろう。そんなことを、考えることがあります。
　もちろん、生き物を展示する施設として「生物の情報を伝える」という基本的な部分はつねに不変のものです。しかし、なんだか漠然としているような気がします。
　そんななか、この本にも登場するイトウの給餌解説を、水族館プロデューサーの中村元さんは、「いただきますライブ」と名づけました。
　ブラウントラウトが自分の体の半分以上はあるヤマメを捕食する姿、ウグイが産んだ卵を次から次へと別のウグイが猛烈な勢いで食べる姿、与えた餌に水から飛び出でんばかりに食らいつく魚たちの姿——そんな姿を見て、もっとも大切な生物の情報は「いただきます」のなかにあるのではないか、そしてそれを伝えることが水族館の一番重要な役割であり、人びとと生物をつなぐ私たちにできることなのではないか、今はそんな風に思っています。
　水族館と言えば、派手なイルカショー、優雅に泳ぐアシカやよちよち歩きがかわいいペンギン、そんな姿を思い浮かべる人も多いでしょう。実際に「ペンギンがいないなんて水族館じゃない」「イルカショーないじゃん」などと言われたこともあります。

初めてそう言われた時はショックで、どこかの淡水にペンギンはいないかな、なんてありえないことを空想したものです。

しかし、水族館での活動を通して、漁師さんや漁業協同組合の方、水族館関係者、釣り人、保護団体の方などさまざまな人びととの出会いを重ね、会話をするうちに、「魚」という生物には、他の水族館動物にないものすごい魅力があることに気がつきました。

現代日本の多くの地域では、イルカは食べませんし、アシカやアザラシ、ペンギンを食べるなどということもありません。当然、釣りのような自然を身近に感じるようなレジャーの相手にもなりません。ですが、魚はどうでしょう。あれはまずい、これはうまい、などと言って、多くの日本人は毎日のように食べているのです。

世界共通の普遍的な「かわいらしさ」という意味では、魚はイルカやペンギンには勝てないでしょう。しかし、わたしたち日本人の一番身近な水族館動物は、魚なのではないでしょうか。

わたしたちの生活に密着し、命の糧となる魚という生物。「いただきます」という日本語のなかには、そんな魚と人間の深いつながりも、含まれているにちがいありません。

２０１２年２月に、わたしが北海道北見市の温根湯温泉郷に来てからあっという間に５年が過ぎました。５年前はまさか自分が水族館の館長になり、中村元さんとともに本を書くことになるとは、想像すらしませんでした。

今年２０１７年は北の大地の水族館の開館５周年、前身である旧「山の水族館・郷土館」が１９７８年に開設してから３９年という年です。この場をお借りしまして、北見市役所の皆様をはじめ、この間にお世話になりましたすべての方々へ御礼を申し上げます。

参考文献

「イトウ 日本最大の淡水魚」『faura』2010 年 3 月号（有限会社ナチュラリー）。

「渓流の宝石　オショロコマ」『faura』2013 年 9 月号（有限会社ナチュラリー）。

岩槻秀明（2017）「氷の造形」『RikaTan（理科の探検）』2017 年 2 月号（株式会社 SAMA 企画）。

川井唯史、中村太士編（2013）『北海道水辺の生き物の不思議』北海道新聞社。

川井唯史、四ツ倉典滋編（2015）『北海道つながる海と川の生き物』北海道新聞社。

木下裕士郎（2012）『パンガシウス科（ナマズ目）魚類仔稚魚の外部形態と骨格系の発達』。

水産庁（2016）「第1部 第Ⅱ章 第３節　水産物の消費・需給をめぐる動き」『平成27年度　水産白書』水産庁。

水産孵化場さけます資源部（2008）「イトウの保護を通じた河川生態系の保全」
https://www.hro.or.jp/list/fisheries/marine/att/43itou-hozen.pdf.

水産孵化場資源管理部（2004）「川で産卵したサケが担う役割――森・川・海のつながりの中で――」
https://www.hro.or.jp/list/fisheries/marine/att/28sake.pdf.

髙橋信吾ほか（2005）「カンボジアの内水面漁業」『水文・水資源学会誌』18（2）、185–193頁。

中央水産試験場水産工学室（2004）「森林が河口域の水産資源に及ぼす影響の評価」
https://www.hro.or.jp/list/fisheries/marine/att/27mori.pdf.

徳田龍弘（2011）『北海道爬虫類・両生類ハンディ図鑑』北海道新聞社。

萩中美枝ほか（1992）『聞き書き　アイヌの食事（日本の食生活全集 48）』農山漁村文化協会。

レイ・ヒルボーン、ウルライク・ヒルボーン（2015）『乱獲――漁業資源の今とこれから』東海大学出版部（市川桃子、岡村寛訳）。

北海道新聞社編（1978）『北海道食物誌』北海道新聞社。

北海道ラムサールネットワーク編（2014）『湿地への招待――ウェットランド北海道』北海道新聞社。

北海道立林業試験場森林環境部（2008）『森と川と海の生き物たちのつながり』。

著者プロフィール

中村元（なかむら はじめ）
水族館プロデューサー、エッセイスト
1956年生まれ。鳥羽水族館副館長を経て、フリーランスで水族館の開業およびリニューアル時に展示施設のデザイン・構成などのプロデュースを行う。これまでプロデュースを手がけたのは、新江ノ島水族館（神奈川）、サンシャイン水族館（東京）、北の大地の水族館（北海道）など。トークライブ「中村元の超水族館ナイト」開催は30回を超える。おもな著書に『水族館哲学』（文春文庫）、『常識はずれの増客術』（講談社＋α新書）、『水族館で珍に会う』（エンターブレイン）、『水族館の通になる』（祥伝社新書）ほか多数。

山内創（やまうち そう）
北の大地の水族館館長
1987年生まれ。北里大学海洋生命科学部で環境教育を学び、学芸員として北の大地の水族館へ赴任。2017年より現職。

いただきますの水族館

北の大地の水族館で学ぶ「いのち」のつながり

2017年7月17日　初版第一刷発行

著　者　中村元、山内創

発行人　須鼻美緒
編集人　淺野卓夫
発　行　株式会社瀬戸内人
　　　　〒760-0013 香川県高松市扇町 2-6-5 YB07・TERRSA 大坂 4F
電話/FAX　087-823-0099

協　力　北の大地の水族館、萱野茂二風谷アイヌ資料館、大原千鶴、川島美保、内藤貞保
写　真　中村元、山内創
イラスト　柳生忠平
校　正　瀬尾裕明
装　幀　川邊雄
印刷製本　株式会社シナノ

ISBN 978-4-908875-09-0